Sitzungsberichte
der
Heidelberger Akademie der Wissenschaften
Stiftung Heinrich Lanz
Mathematisch-naturwissenschaftliche Klasse

*) *Jahrgang 1921 erschien im Verlage von Carl Winters Universitätsbuchhandlung in Heidelberg.*

Im Verlag von Walter de Gruyter & Co. vormals G. J. Göschen'sche Verlagshandlung — J. Guttentag, Verlagsbuchhandlung — Georg Reimer — Karl J. Trübner — Veit & Comp., Berlin erschienen:

Abteilung A. Mathematisch-physikalische Wissenschaften.

Jahrgang 1922.

1. Perron, Oskar. Neue Summationsmethoden und Entwicklungen nach Polynomen. Reichsmark 0·30
2. Perron, Oskar. Über transzendente Funktionen auf Riemannschen Flächen. Reichsmark 0·60
3. Baldus, Richard. Über die singulären Punkte reeller Parameterkurven. Reichsmark 0·50

Jahrgang 1923.

1. Deecke, W. Mitteleuropäische Meeresströmungen der Vorzeit. Reichsmark 0·60
2. Liebmann, Heinrich. Die Lie'sche Cyklide und die Inversionskrümmung. Reichsmark 0·40
3. Perron, Oskar. Über Gleichungen ohne Affekt. Reichsmark 0·40
4. Liebmann, Heinrich. Beiträge zur Inversionsgeometrie III. Reichsmark 0·40
5. Kratzert, J. Beitrag zur Kenntnis des Andesins von Bodenmais. Reichsmark 0·50

Jahrgang 1924.

1. Th. Curtius und A. Bertho. Einwirkung von Stickstoffkohlenoxyd und von Stickwasserstoffsäure unter Druck auf aromatische Kohlenwasserstoffe. Reichsmark 0·50
2. Liebmann, Heinrich. Umkehrung des Variationsproblems der ebenen Affingeometrie. Reichsmark 0·60
3. Salomon, Wilhelm. Die Intensitäten alluvialer und diluvialer geologischer Vorgänge und ihre Einwirkung auf die pliocäne Rumpffläche des Kraichgaues und Odenwaldes. Reichsmark 1·20
4. Heffter, L. Zur absoluten Geometrie. Reichsmark 0·60
5. van Werveke, L. Über die Entstehung der lothringischen Lehme und des mittelrheinischen Lößes. Reichsmark 1·50
6. Krull, Wolfgang. Die verschiedenen Arten der Hauptidealringe. Reichsmark 0·50
7. Roeser, Ernst. Übergang von der nichteuklidischen Streckentrigonometrie zur Winkelmessung. Reichsmark 0·30
8. Wellstein, Julius. Zur Differentialgeometrie der isotropen Kurven. Reichsmark 1·50
9. Ewald Rudolf. Die geodynamischen Erscheinungen des krystallinen Odenwaldes als Beispiel einer geoisostatischen Ausgleichsschwingung. Reichsmark 1·50
10. Voelcker, Ilse. Über eine ganz junge Verwerfung bei Rauenberg im Kraichgau. Reichsmark 0·30
11. Liebmann, Heinrich. Die Aufschließung von Differentialinvarianten. Reichsmark 0·50

[Fortsetzung siehe 3. Umschlagseite.]

*) Bestellungen auf solche Veröffentlichungen der math.-naturw. Klasse, welche früher im Verlag von Carl Winters Universitätsbuchhandlung in Heidelberg erschienen sind, nimmt auch der Verlag Walter de Gruyter & Co., Berlin, entgegen.

Sitzungsberichte
der Heidelberger Akademie der Wissenschaften
Mathematisch-naturwissenschaftliche Klasse
Jahrgang 1928. 15. Abhandlung.

Neue geologische Beobachtungen im Baitonegebiet des Adamello

Von

Wilhelm Salomon
in Heidelberg

Eingereicht am 1. Oktober 1928.

Berlin und Leipzig 1928

Walter de Gruyter & Co.

vormals G. J. Göschen'sche Verlagshandlung / J. Guttentag, Verlagsbuchhandlung / Georg Reimer / Karl J. Trübner / Veit & Comp.

Neue geologische Beobachtungen im Baitonegebiet des Adamello.

In meiner Monographie der Adamellogruppe[1]) habe ich das Baitonegebiet auf S. 88—98 geschildert, auf der geologischen Karte in 1 : 75000 dargestellt, durch die Textfiguren 26—29, sowie durch die Figuren 1 und 2 der Tafel III erläutert. Sowohl aus dem Text wie aus dem Routenkärtchen geht hervor, daß ich viele Punkte dieses hochalpinen Gebietes nicht oder nur bei schlechtem Wetter besuchen konnte. Daher sind einzelne Stellen nur schematisch dargestellt. Außerdem machte es auch der Maßstab der Karte oft unmöglich, Einzelheiten genau wiederzugeben. Im August 1928 aber war es mir zum ersten Male seit 1904 möglich, der Baitonegruppe wieder einen kurzen Besuch abzustatten. Auch dieser läßt noch vieles im Dunklen, gestattet aber einige Einzelheiten hinzuzufügen bzw. zu berichtigen. Die meisten Beobachtungen haben nur örtliche Bedeutung. Was von allgemeinerem Interesse ist, soll in der Zusammenfassung hervorgehoben werden.

Die in der Figur 1 der Tafel III photographisch wiedergegebene und auf S. 90 des Textes beschriebene Felswand besteht nicht, wie ich damals annahm, wesentlich aus Rendenaschiefern, sondern nur aus riesigen Schollen von ihnen, die in einer mittelkörnigen, hornblendereichen Tonalitfacies schwimmen. Ein Teil dieser rostbraun verwitterten Massen könnte übrigens auch als anstehende Vorragungen der Schieferunterlage des Tonalites gedeutet werden. Dieser selbst hat infolge seines Reichtumes an Hornblende grauschwarze Farbe. Er schiebt sich als ein Ausläufer der hellgrauen Tonalithauptmasse der Roccia Baitone zwischen die Rendenaschiefer der Lago lungo-Region und die aus Rendenaschiefern, Perm und Untertrias bestehenden Schichten des Corno delle Granate-Hanges. Die Haupttonalitmasse der Roccia Baitone ist in meinem Bilde auf der rechten Seite erkennbar und durch ihre helle Farbe deutlich unterschieden. Vielleicht beruht die basische Beschaffenheit des grauschwarzen Tonalitausläufers auf starker Resorption von Schiefer. Es wächst auch auf ihm viel Edelweiß, das den normalen

---

[1]) Abhandl. d. Wiener geolog. Reichsanstalt, Bd. XXI, 1908.

Tonalit zu meiden pflegt. Mein damaliger Irrtum über die Zusammensetzung der Bergwand dürfte darauf beruhen, daß ich sie zwar bei klarem Wetter photographiert hatte, aber bei unsichtigem Wetter zu ihr emporstieg. Als ich nun eine der großen rostbraun verwitterten Schieferschollen von unten erreichte, glaubte ich, daß der ganze Hang wesentlich aus ihnen bestünde.

Die hellen Bänder sind abnorm mächtige Gänge, die hauptsächlich von Biotitpegmatit zusammengesetzt werden. Doch kommt auch, wenngleich viel seltener, Muscovitpegmatit und Schörlpegmatit vor. Auch sind dem Pegmatit unregelmäßig begrenzte Massen von mittelkörnigem Aplit beigemengt, ohne daß es mir gelungen wäre, ein bestimmtes Altersverhältnis beider festzustellen. Die Gänge liegen flach. Im Cloosschen Sinne würden sie als Ausfüllungen von Lagerklüften aufzufassen sein. Ich muß indessen bekennen, daß mir diese flachen, oft unregelmäßig buckligen Klüfte, die ich auch aus Odenwald, Schwarzwald und anderen deutschen Gebirgen gut kenne, ausgesprochene Kontraktionsklüfte zu sein scheinen. Ich werde bald auf diese Frage an anderer Stelle zurückkommen.

In Edolo erhielt ich übrigens eine gute Ansichtskarte vom Corno Giuello östlich der Val Aviolo. Nach dieser zu urteilen sind auch dort mächtige flache helle Gänge im Hauptgestein (auch da wohl Tonalit) vorhanden, also wohl ebenfalls Pegmatit-Aplite. Doch hatte ich nie Gelegenheit, die Örtlichkeit zu besuchen.

In diesem Jahre hatte ich endlich auch die Möglichkeit, die Forcella di Bombià (2782 m) bei klarem Wetter zu überschreiten. Dabei stellte ich fest, daß die früher von mir als Rendenaschiefer aufgefaßten Schiefer der Forcella wohl ganz und gar zu den Edoloschiefern zu stellen sind. Wo man sie nämlich etwas vom Tonalitkontakt entfernt findet, herrschen unter ihnen phyllitische Typen, z. T. auch mit den typischen flachen Phyllitgranaten vor. Die höher kristallinen Typen, die mich damals dazu verleiteten, den Komplex als Rendenaschiefer aufzufassen, verdanken ihre abnorme Beschaffenheit wohl ganz und gar der Kontaktmetamorphose. Damit wird es aber sehr fraglich, ob im Baitonegebiet überhaupt echte Rendenaschiefer vorliegen.

Ich ging diesmal von dem Rifugio am Lago Rotondo unter dem Auslauf des Lago di Cacciamali in ungefähr gleicher Höhe über die Blockmeere am Hange entlang, fand unterwegs große Normaltonalitmassen mitten in den Schiefern, offenbar Ausläufer des zusammenhängenden Tonalitmassives. Dahinter blieb ich bis zur Höhe der Forcella fast ausschließlich in den im Norden stark metamorphen, im Süden oft nur schwach veränderten Schiefern. Je weiter ich nach Westen und

Süden kam, um so häufiger stellten sich echte Phyllite in diesen ein. In den Hornfelsen kann man sehr oft ganz deutlich erkennen, daß die neugebildeten Granaten Klüfte quer zur Schieferung der Gesteine bekleiden, ja ganze Systeme von dünnen Gängen in ihnen bilden. Diese Granaten sind also zweifellos pneumatolytischer Entstehung.

Der ganze Kamm, der vom Corno delle Granate zu der Forcella di Bombià führt, besteht aus den Schiefern. Hat man aber den Paß überschritten, so sieht man, daß der erste Felskamm, der vom Corno nach WSW zum Kar von Bombià hinunterzieht, ganz und gar aus Tonalit besteht. Ich traversierte nun von dem unteren Ende dieses Felskammes zu dem zweiten auf meiner geologischen Karte eingetragenen Kamm, der von der (falschen) Höhenquote 3504 m erst nach W und dann nach SW zieht. Der nördliche Hang des ersten Kammes besteht wieder aus Schiefern, die z. T. noch phyllitischen Charakter bewahrt haben. In den mächtigen Schuttmassen aber, die nun gegen den zweiten Kamm hin folgen, stellen sich erst vereinzelte, dann immer häufigere Blöcke und Trümmer von hochmetamorphen Gesteinen der unteren Trias und des Perm ein. Es sind all die früher von mir beschriebenen Gesteine, Sandsteine, Breschen, Tonschiefer, Mergel. Auch auffällig grün gebänderte Gesteine finden sich, wohl bestimmt von besonderen Lagen des Servino (Werfener Schichten) herrührend. In dem Felskamm selbst steht eine langgestreckte, aber unreine Linse von Magneteisen an. Sie ist mit Granat, Biotit und anderen Silikaten verunreinigt. Ja manchmal handelt es sich geradezu um Granat- und Biotithornfelse. Die Linse streicht wie die sie umgebenden Hornfelse, die nach ihrem Habitus wohl unzweifelhaft zum Servino gehören. Ihr Streichen ist ungefähr O—W bei ziemlich genau saigerer Orientierung. Man hat dort den mißglückten Versuch gemacht, das kleine Magneteisenvorkommen trotz seiner Meereshöhe von schätzungsweise etwa 2500 m abzubauen. Aber die Verhältnisse liegen sehr ungünstig. Das Material ist zu unrein, die Mächtigkeit sehr gering und die Längserstreckung ebenfalls nicht ausreichend für einen rationellen Betrieb. Wissenschaftlich ist das Vorkommen aber um so interessanter. Denn es dürfte sich aller Wahrscheinlichkeit nach dabei um eine Umwandlung der im camunischen Servino nicht seltenen Linsen oder Lagen von Eisenspat handeln, die an dem in der Luftlinie nur 15 km entfernten Monte Elto abgebaut wurden. Mich erinnerte das Vorkommen petrographisch lebhaft an die Magnetitlinsen des Mont Chemin bei Martigny in der Schweiz, die ich seinerzeit durch Herrn Ing. Bornan aus Genf kennenlernte. Auch dort tritt das Erz in kleinen, aber allerdings häufigeren Linsen auf, die von skarnartigen Gesteinen begleitet sind. Herr Privatdozent Dr. Gottfried in Berlin-Dahlem hat es auf meine Bitte übernommen, die von mir mitgebrachten Gesteine zu untersuchen.

Steigt man an dem beschriebenen Felssporn hinunter und geht auf seiner anderen Seite in die Senke des Passo delle Granate hinein, so kommen auf der Nordseite des Sporns wieder kontaktmetamorphe kristalline Schiefer herunter, dann aber nur Kerntonalit, der schon zum Massiv der Roccia Baitone gehört. Dazu möchte ich noch bemerken, daß es mir auch diesmal leider wieder infolge Zeitmangels unmöglich war, das Corno delle Granate zu besteigen, daß ich aber sowohl von der Ostseite wie von der Westseite den Eindruck bekam, als ob der nördlich vom Corno gelegene Tonalit in einer dünnen Platte auf den Gipfel des Corno hinaufzöge und dort die kristallinen Schiefer, ja vielleicht auch noch Perm und Untertrias bedecke. Bei einer Besteigung würde sich das ohne Schwierigkeit feststellen lassen. Jedenfalls ergibt sich aus den angeführten örtlichen Beobachtungen eine Schlußfolgerung von etwas allgemeinerem Interesse. Schon aus meiner alten geologischen Karte und aus meinen damaligen Textangaben ging die Tatsache hervor, daß das Tonalitmassiv an seiner NW-Ecke vier stark nach Westen in das Sedimentgebiet vorspringende Sporne entsendet, den des Monte Aviolo, den der Roccia Baitone, den Sporn der Val Malga und endlich die auf meiner geologischen Karte ja nur schematisch dargestellten Tonalitmassen des Monte Marsèr und des Corno Calcinaio. Ferner ist auf meiner Karte ein kleiner O—W-Sporn schematisch eingezeichnet, der nördlich des Lago Grande di Baitone in die Region der Ostseite der Forcella di Bombià vorspringt. Nach meinen diesjährigen Beobachtungen würde ich die Spitze dieses letzteren etwas weiter nach Norden verlegen. Aber es kommt nun noch ein sechster Sporn hinzu, der vorher beschriebene, der vom Corno delle Granate nach WSW in die Senke von Bombià vorstößt. Dementsprechend streicht die Perm-Triaszone des zweiten nördlicheren Vorsprunges ungefähr O—W, während sie auf der Ostseite des Granatekammes durch den Tonalit mannigfaltig gestört ist.

Es ergibt sich also für die Nordwestecke des Adamellomassives ein verwickeltes fingerförmiges Ineinandergreifen der Sedimente und des Tiefengesteines, was für die Frage nach dem Mechanismus der Intrusion von Bedeutung ist. Die vorspringenden Enden der Sedimentsporne sind vielfach durch das Tiefengestein stark gestört, was sich ohne gewaltige Intrusionskräfte nicht erklären läßt.

So liegt unmittelbar neben dem Rifugio Baitone (das jetzt nach dem noch kurz vor Kriegsende für sein Vaterland gefallenen Tonolini[1]) Capanna Tonolini genannt ist), eine Scholle von Servino im Tonalit. Ich habe schon 1908 darauf aufmerksam gemacht und kann auch jetzt diese hochmetamorphen, ganz vom Tonalit durchäderten Gesteine nicht anders deuten. Sie sind offenbar ein bei der Intrusion abgesprengter Vorposten der Servinozone, die ich dies Jahr anstehend bei der Magneteisenlinse fand. Damit ist nun auch die auf meiner Karte gewählte Begrenzung der Permzone östlich vom Kamm des Corno delle Granate hinfällig. Eine Verwerfung ist dort nicht vorhanden. Die von Norden nach Süden aufeinander folgenden vier Zonen von kristallinen Schiefern, Servino-Perm und wieder kristallinen Schiefern ziehen in O—W-Richtung über den Cornokamm hinweg und keilen sich dort aus bzw. zerfasern sich im Tonalit. Wie das Profil von N nach S zu deuten ist, ob der Servino als Synklinale im Perm und dies wieder in den kristallinen Schiefern steckt oder ob es sich um Schuppungen handelt, ist mir unbekannt. Nur eine genaue Bekletterung der z. T. schwierigen Felswände des gesamten Bombià-Kessels könnte die Verhältnisse aufklären. Aber ich muß das jüngeren Nachfolgern überlassen.

Östlich des Cornokammes scheint der Tonalit im allgemeinen über den Schiefern zu liegen, wie ich schon 1908 hervorgehoben habe. Die Schiefer sind sicher an vielen Stellen erst durch die Abtragung des Tonalites sichtbar geworden. Man wird also hier von Intrusivfenstern sprechen können, analog den Decken- und Tafelfenstern[2]).

Noch eine weitere Ergänzung örtlicher Art möchte ich geben. Während ich bei meiner früheren Traversierung der Forcella di Bombià am Hang des Castel Camosci nach Rino abstieg, wählte ich diesmal den stellenweise schwer zu findenden Pfad über den Passo Tiniline in die Val Gallinera, um dann von dieser nach Stablo und Sonico abzusteigen. Dabei ergab sich das Folgende. Der Kamm der Roccia Baitone besteht bis nicht weit unter dem Passo Tiniline ganz aus Tonalit. Aber wenig unter der Stelle, wo der Pfad anfängt auf dem Kamm selbst abwärts zu führen, stehen die hochmetamorphen Fleckfelse des Perm an und halten bis zum Talgrund der Val Gallinera an, also bis zum Punkt 1290 m der italienischen topographischen Karte in 1 : 25 000. Auf der anderen Talseite folgen sofort Schuttmassen und Aufschlüsse der Edoloschiefer. Der Servino fehlt dort an der Gallineraverwerfung. Er begleitet und bekleidet den Südhang der Val Rabbia nur eine kurze Strecke weit oberhalb Rino, wird dann von der Verwerfung abgeschnitten, um erst

[1]) Ich verdankte ihm vor dem Kriege zahlreiche Gesteine, die er auf Bergtouren gesammelt hatte.

[2]) Vergl. auch H. Cloos, Geol. Rundschau, XIV, 1923, S. 19.

ganz in der Höhe, kurz vor dem Passo Gallinera, wieder aufzutauchen. Dagegen hält das Perm an der Südwand der Val Gallinera noch oberhalb des Punktes 1290 m eine Zeitlang an.

Edolo- und Rendenaschiefer.

Als ich im Anfang des Jahrhunderts den Versuch machte, die Ergebnisse meiner vieljährigen Begehungen kartographisch auszuwerten, beobachtete ich, daß die Schiefer auf der Rendenaseite des Adamellogebietes einen höheren Grad der Regionalmetamorphose erlitten hatten als die Edoloschiefer der Nord- und Westseite des Massives. Ich glaubte aber am Westrande an einigen Stellen ähnlich stark regionalmetamorph veränderte Partien wiederzufinden und schied deshalb bei Cedegolo, an der Forcella di Durello und am Monte Aviolo Rendenaschiefer aus. Es ist mir jetzt sehr zweifelhaft geworden, ob das berechtigt war. Zum mindesten in der Durelloregion und im Baitone dürfte es sich im allgemeinen um Edoloschiefer handeln, vielleicht auch am Monte Aviolo, wobei der höher kristalline Habitus in beiden Fällen auf Kontaktmetamorphose beruhen könnte. Auch hat sich mittlerweile die Untersuchung kristalliner Schiefer dermaßen verfeinert, daß man unbedingt ein sehr Vielfaches der mir damals zur Verfügung stehenden Zeit haben müßte, ehe man in so schwierigen Fragen eine Entscheidung fällt. Es wird auch für meine Nachfolger keine leichte Aufgabe sein, die kristallinen Schiefer der Adamellogruppe einwandfrei zu gliedern und darzustellen.

Die Ethmolithenform des Adamellotonalites.

Ich habe bei meinen Untersuchungen nachgewiesen, daß die Sedimente an zahlreichen Stellen des Massivrandes im NW, W, S und SO unter den Tonalit einfallen. Ja, wo eine bestimmbare Schichtfolge vorhanden ist, sind es immer die jüngsten Schichtglieder, die dem Massiv zunächst liegen. Fast nie ist eine völlige Konkordanz vorhanden. Es handelt sich fast immer nur um Akkordanz im Cloosschen Sinne. Die primäre Natur dieser Kontakte ist unzweifelhaft bewiesen. Schwierig ist ihre Erklärung. Bei ihr ist zu berücksichtigen, daß die Erscheinung auf dem größten Teil der Ost- und Nordseite fehlt. Zwar richten sich auch in der Val San Valentino die kristallinen Schiefer teilweise unter den Tonalit. Es sind aber dort starke Unregelmäßigkeiten vorhanden. Im NO bildet die Judikarienverwerfung die Grenze, wenn sie auch nur stellenweise aufgeschlossen ist. Im Norden begrenzt die Tonalelinie die Gruppe, kann aber höchstens auf einer ganz kurzen Strecke den Tonalit selbst berühren.

Es liegt nun nahe, die Erklärung zu versuchen, die Cloos für einige ındere Tiefengesteinsmassive gegeben hat, nämlich entweder die Judikarienlinie oder die Tonalelinie oder beide als die Spalten anzusehen, ıuf denen das Tonalitmagma emporgedrungen sei und von denen aus s sich seitwärts oder nach oben ausgebreitet habe. Man könnte dann ınnehmen, daß der Seitendruck im W, S und SO, ja selbst noch an dem ıordwestlichen Eckpfeiler die Sedimente hinuntergepreßt und so die nerkwürdige ethmolithische Form erzeugt habe. Es würde mir sehr ıngenehm und bequem sein, diese Hypothese auf den Adamello anuwenden. Aber ein Blick auf meine geologische Karte lehrt, daß schon vestlich des Campo Carlo Magno die Judikarienlinie nicht mehr den Conalit berührt, sondern in die Rendenaschiefer hineinstreicht. Und benso berührt die Tonalelinie das Tonalitmassiv nur auf einer winzig leinen Strecke in der NO-Ecke. Es scheint mir daher mechanisch ınmöglich, hier die Cloossche Hypothese anzuwenden. Aber es liegt ielleicht dennoch nahe, anzunehmen, daß die Hauptintrusionsspalten der -öffnungen des Tonalites im heutigen N- und NO-Teil der Gruppe u denken sind, daß das Magma dort emporstieg und sich nicht nur enkrecht, sondern auch seitwärts gewaltsam seinen Weg in der Erdruste bahnte. Wo der Seitendruck überwog, preßte es die Sedimente ı die Tiefe. Die Trichterform des Ethmolithen würde also icht an der ganzen Peripherie des Massives anzunehmen ein, sondern nur in einem allerdings ziemlich großen Beeiche. Auch das in der vorliegenden Arbeit betonte Vorspringen von echs Tonalitspornen in das Sedimentgebiet der NW-Seite mit der darus hervorgehenden fingerartigen Verzahnung des Tiefengesteines mit en Sedimenten erklärt sich so ganz einfach und natürlich.

Ich habe schon früher darauf hingewiesen, daß auch die Umgrenzung es Gotthardtmassives ähnliche Formen erkennen läßt wie der Adamello. Gewiß gebe ich zu, daß in den Schweizer Alpen mit ihren riesigen Deckenchüben enorme Seitendrucke die ursprünglichen Formen verändert aben können. Aber es bleibt doch immer die Tatsache bestehen, daß uch am Gotthardt sowohl von Süden wie von Norden her die Sedimente nter die Tiefengesteine einsinken. Es wäre auch hier zu untersuchen, b nicht die emporsteigenden Tiefengesteinsmagmen sich außer nach ben, auch nach Norden und Süden ihren Weg erzwangen und so die edimente auseinander und nach unten preßten.

Zusammenfassung.

Außer Angaben von rein örtlichem Interesse enthält die Arbeit die folgenden Beobachtungen und Deutungen:

1. Die Granaten des Corno delle Granate sind vielfach pneumatolytischer Entstehung. Sie bekleiden oft Kluftwände der Hornfelse quer zur Schieferung und bilden manchmal echte Granatgänge.
2. Im oberen Kessel von Bombià ist dem Servino (Werfener Schichten) eine Linse von Magneteisen eingeschaltet, die durch Granat und Biotit verunreinigt ist. Sie ist aller Wahrscheinlichkeit nach aus einer alten Eisenspatlinse durch Kontaktmetamorphose entstanden.
3. Auf der NW-Seite des Adamellomassives ist ein fingerförmiges Ineinandergreifen von Tonalit und verschiedenartigen Sedimenten in großartigem Maße entwickelt.
4. Im Baitonegebiet lag der Tonalit großenteils über den Hornfelsen der kristallinen Schiefer. Diese sind an zahlreichen Stellen dadurch sichtbar geworden, daß der überlagernde Tonalit durch Abtragung entfernt ist. Man kann hier von einem „Intrusivfenster“ analog zu den Decken- und Tafelfenstern sprechen.
5. Die Unterscheidung der Rendenaschiefer von den Edoloschiefern ist unsicher geworden.
6. Es wird gezeigt, daß das für den Ethmolithbegriff typische Untersinken der Sedimente unter das Tiefengestein nur für einen allerdings sehr großen Teil der Umrandung des Adamello gilt. Es wird durch die Annahme erklärt, daß das Magma einseitig emporgestiegen sei und sich nicht nur nach oben, sondern auch seitwärts gewaltsam Bahn gebrochen habe. Dadurch seien die benachbarten Sedimente in die Tiefe gedrückt worden. Auch für das Gotthardtmassiv werden ähnliche Verhältnisse für wahrscheinlich erklärt.

Abteilung B. Biologische Wissenschaften.

Jahrgang 1923.

1. KOSSEL, A. und R. E. GROSS. Über die Darstellung und quantitative Bestimmung des Arginins. Reichsmark 0·30

Von Jahrgang 1925 ab findet die Trennung in Abteilung A und B nicht mehr statt.

Jahrgang 1925.

1. HEFFTER, LOTHAR. Zur absoluten Geometrie II. Reichsmark 0·50
2. ROESER, ERNST. Die komplementären Figuren der nichteuklidischen Ebene. Reichsmark 0·50
3. FLADT, KUNO. Neuer Beweis f. d. Zuordnung von rechtwinkligem Dreieck und Spitzeck in der hyperbolischen Elementargeometrie. Reichsmark 0·30
4. SALOMON, WILHELM. Beobachtungen über Harnische. Reichsmark 0·70
5. LOEWY, A. Beiträge zur Algebra. 1—4. Reichsmark 1·—
6. HELLPACH, WILLY. 2. Mitteilung zur Physiognomik der deutschen Volksstämme. Reichsmark 0·30
7. LOEWY, ALFRED. Neue elementare Begründung u. Erweiterung der Galois'schen Theorie. Reichsmark 2·—
8. CURTIUS, THEODOR u. BERTHO, ALFRED. Einwirkung von Stickstoffkohlenoxyd und von Stickstoffwasserstoffsäure unter Druck auf aromatische Kohlenwasserstoffe. Reichsmark 0·40
9. ROESER, ERNST. Die gnomonische Projektion in der hyperbolischen Geometrie. Reichsmark 0·70
10. RASCH, G. Über die Ausnützung der Gezeiten des Meeres zur Energiegewinnung. Reichsmark 0·80
11. SALOMON, WILHELM. Magmatische Hebungen. Reichsmark 1·20
12. PÜTTER, A. Altersbestimmungen an Drachenbäumen von Teneriffe. Reichsmark 0·90
13. VOLK, OTTO. Über geodätische rhombische Kurvennetze auf krummen Flächen, insbesondere auf Flächen konstanter Krümmung. Reichsmark 1·10
14. ROESER, ERNST. Die Fundamentalkonstruktion der hyperbolischen Geometrie. Reichsmark 1·40
15. RÜGER, L. u. RÜGER-HAAS, P. Palaeosemaeostoma geryonides v. Huene sp. eine sessile Meduse aus dem Dogger von Wehingen i. W. und Medusina liasica nov. sp., eine coronatenähnliche Meduse aus dem mittleren Lias von Hechingen i. Württemberg. Reichsmark 1·50

Jahrgang 1926

1. KRULL, WOLFGANG. Theorie und Anwendung der verallgemeinerten Abelschen Gruppen. Reichsmark 1·70
2. KLEBS, GEORG. Über periodisch wachsende tropische Baumarten. Reichsmark 1·20
3. MÜLLER, MAX. Über die Oberfläche von Flächenstücken. Reichsmark 1·20
4. ERNST, MAX. Über Anlagen von Organen, die nicht zur Ausbildung gelangen. Reichsmark 0·50
5. ERNST, EMIL. Die optischen Eigenschaften des Andesins von Bodenmais Reichsmark 1·10
6. LIEPMANN, WILHELM. Leichengeburt bei Ichthyosauriern. Reichsmark 0·90
7. KLEBS, GEORG. Über die Längenperiode der Internodien. Reichsmark 2·40
8. JOST, L. u. v. UBISCH, G. Zur Windefrage. Reichsmark 0·80
9. SALOMON, WILHELM. Gibt es Gesteine, die für bestimmte Erdperioden charakteristisch sind? Reichsmark 0·30
10. ROESER, ERNST. Der reelle Übergang zwischen den beiden nichteuklidischen Geometrien und ihrem Parallelenbegriff. Reichsmark 1·20
11. SALOMON, WILHELM. Kugelförmige Absonderung. Reichsmark 0·80
12. SALOMON, Felsenmeere und Blockstreuungen. Reichsmark 0·80
13. SALOMON, Die Gruppendefinitionen in der Paläontologie. Reichsmark 0·90

Jahrgang 1927.

1. LOEWY, ALFRED. Neue elementare Begründung und Erweiterung der Galoisschen Theorie. Reichsmark 1·60
2. LIEBMANN, HEINRICH. Rhombische Geradennetze im Raum. Reichsmark 1·—
3. VOLK, OTTO. Über geodätische Dreiecknetze auf Flächen konstanten Krümmungsmaßes. Reichsmark 1·80
4. PÜTTER, A. Chemische Reizwirkung und Giftwirkung. Mit einem mathematischen Anhang: Ein Diffussionsproblem von E. TREFFTZ. Reichsmark 2·40
5. REMBS, EDUARD. Die Verbiegung des verlängerten Rotationsellipsoids. Reichsmark 1·60
6. MAYER, ADOLF. Naturwissenschaftliche Ästhetik. Reichsmark 0·90
7. MAYER, ADOLF. Naturwissenschaftliche Volkswirtschaftslehre. Reichsm. 0·80
8. BAER, R., KAPFERER, H., KRULL, W., SCHMIDT, F. K. Beiträge zur Algebra. Nr. 5—10. Reichsmark 6·20
9. MÜLLER, MAX. Über die Eindeutigkeit der Intregale eines Systems gewöhnlicher Differentialgleichungen und die Konvergenz einer Gattung von Verfahren zur Approximation dieser Integrale. Reichsmark 2·50
10. FREUDENBERG, KARL. Intramolekulare Umlagerung optisch-aktiver Systeme. Reichsmark 1·—
11. ROESER, ERNST. Abbildung der hyperbolischen Ebene auf die Kugel mittels der Beziehung zwischen Lot und Parallelwinkel. Reichsmark 1·—
12. RÜGER, L. Die direkte gebirgsgetreue Übertragung der auf dem Universaldrehtisch gewonnenen Messungsergebnisse gebirgsorientierter Schliffe in das Diagramm. Reichsmark 1·20
13. JOST, L. Elektrische Potentialdifferenzen an der Einzelzelle. Reichsmark 1·90

Jahrgang 1928.

1. RÜGER, L. Einige Bemerkungen zur Darstellung tektonischer Elemente, insbesonders von Klüften und Harnischen. Reichsmark 1·20
2. HERBST, CURT. Untersuchungen zur Bestimmung des Geschlechts. Ein neuer Weg zur Lösung des Geschlechtsbestimmungsproblems bei Bonellia viridis. Reichsmark 1·50
3. MERTON, HUGO. Untersuchungen über die Entstehung amöbenähnlicher Zellen aus absterbenden Infusorien. Reichsmark 2·20
4. BAER, REINHOLD. Zur Einordnung der Theorie der Mischgruppen in die Gruppentheorie. Reichsmark 2·20
5. BAER, REINHOLD. Über die Zerlegungen einer Mischgruppe nach einer Untermischgruppe. Reichsmark 1·50
6. ROESER, ERNST. Komplementäre Körper der beiden nichteuklidischen Geometrien. Reichsmark 1·—
7. KRULL, WOLFGANG. Primidealketten in allgemeinen Ringbereichen. Reichsmark 1·10
8. SALOMON, WILHELM. Geologische Beobachtungen des Leonardo da Vinci. Reichsmark 0·90
9. LIEBMANN, HEINRICH. Die Sätze von Lie und Gambier über Kurven eines Linienkomplexes. Reichsmark 0.90
10. MERZ, K. W. Über den Wirkungsantagonismus von Blutkörperchen und Serum bei chemisch faßbaren biologischen Vorgängen. Reichsmark 1·20
11. MÜHLBACH, R. Über Raumkurven in der Möbius'schen Geometrie. Reichsmark 1·20
12. ERNST, PAUL. Wurzeln der Medizin. Reichsmark 1·50
13. MAYER, ADOLF. Naturwissenschaftliche Apologetik des Christentums. Reichsmark 1·60
14. BAER, REINHOLD. Beiträge zur Galoisschen Theorie. Reichsmark 1·80
15. SALOMON, WILHELM. Neue geologische Beobachtungen im Baitonegebiet des Adamello. Reichsmark 0·90

Druck: Hermann Böhlaus Nachfolger Hof-Buchdruckerei G. m. b. H. Weimar.

MIX
Papier | Fördert gute Waldnutzung
FSC® C083411

Zeitfracht Medien GmbH
Ferdinand-Jühlke-Straße 7
99095 Erfurt, Deutschland
produktsicherheit@kolibri360.de